BEI GRIN MACHT SICH IHR WISSEN BEZAHLT

- Wir veröffentlichen Ihre Hausarbeit,
  Bachelor- und Masterarbeit

- Ihr eigenes eBook und Buch -
  weltweit in allen wichtigen Shops

- Verdienen Sie an jedem Verkauf

Jetzt bei www.GRIN.com hochladen
und kostenlos publizieren

Bibliografische Information der Deutschen Nationalbibliothek:

Die Deutsche Bibliothek verzeichnet diese Publikation in der Deutschen National-
bibliografie; detaillierte bibliografische Daten sind im Internet über http://dnb.d-
nb.de/ abrufbar.

Impressum:

Copyright © 2015 GRIN Verlag, Open Publishing GmbH
Druck und Bindung: Books on Demand GmbH, Norderstedt Germany
ISBN: 9783668558502

Dieses Buch bei GRIN:

http://www.grin.com/de/e-book/378561/bauschaeden-aufgrund-von-ausfuehrungs-
fehlern-typische-ausfuehrungsfehler

Mario Reich

Bauschäden aufgrund von Ausführungsfehlern. Typische Ausführungsfehler im Berufsfeld des Fliesen-, Platten- und Mosaiklegers

GRIN Verlag

INSTITUT FÜR ANGEWANDTE BAUTECHNIK

SEMINAR: ARBEITS– UND TÄTIGKEITSANALYSE

Bauschäden aufgrund von Ausführungsfehlern

Thema der Arbeit: „Typische Ausführungsfehler im Berufsfeld des Fliesen-, Platten- und Mosaiklegers"

Verfasser: Mario Reich

Fachsemester: 5

Berufliche Fachrichtung: Bautechnik

Unterrichtsfach: Geschichte

Datum: 17.12.2015

Inhaltsverzeichnis

Abbildungsverzeichnis

Abkürzungsverzeichnis

BEB...Bundesverband Estrich und Belag e.V.

DIBt..Deutsches Institut für Bautechnik

DIN..Deutsches Institut für Normung

EN...Europäische Norm

KMK...Kultusministerkonferenz

SuS...Schüler und Schülerinnen

VDI..Verein Deutscher Ingenieure

VOB...Vergabe- und Vertragsordnung für Bauleistungen

ZDB..Zentralverband Deutsches Baugewerbe

1 Einleitung

In der Bauschadensanalyse gibt es u.a. die folgenden Fehlerarten: Planungs-, Material-, Ausführungs- und Nutzungsfehler. Berufswissenschaftlich gesehen sind die Planungsfehler ein sehr spannendes und lehrreiches Thema, jedoch werden die SuS in der beruflichen Ausbildung während ihrer Lehre und in den folgenden Gesellenjahren deutlich weniger mit dieser Art von Fehlern konfrontiert. Deshalb bieten aus Sicht eines Berufsschullehrers Ausführungsfehler, und die daraus resultierenden Bauschäden, den weitaus interessanteren Aspekt und nachhaltigen Lerneffekt bezüglich der Vermittlung von Fachwissen und (Fach-)Kompetenzen an die SuS. Der Ausführungsfehler liegt, wie der Name schon sagt, beim ausführenden Gewerk. Deshalb ist es wichtig den SuS zu vermitteln, dass sie, als ausführende Handwerker/-innen, als ausgebildete und geschulte Fachleute, große Verantwortung hinsichtlich der Einhaltung der anerkannten Regeln der Technik, der gesetzlichen und behördlichen Bestimmungen[1] tragen. Denn führt ein Nichteinhalten der anerkannten Regeln und Bestimmungen zu einem Bauschaden wird (meist) das ausführende Gewerk für schuldig befunden, was nicht selten mit hohen Sanierungskosten verbunden ist. Aufgrund dieser Tatsachen behandelt die vorliegende Arbeit die häufigsten Ausführungsfehler des Fliesen- Platten- und Mosaiklegers (im folgenden Fliesenleger/-in genannt).

Den Untersuchungen lag die Nutzung der Schadensdatenbank SCHADIS[2] zugrunde. Im Rahmen der Recherche wurden in SCHADIS 500 von 774 Treffern – bei Eingabe des Suchwortes „Fliesen" – betrachtet, kategorisiert und letztendlich die am häufigsten auftretenden Ausführungsfehler in dieser Ausarbeitung formuliert. Damit die diese Arbeit überschaubar bleibt, konzentriert sie sich auf die typischen Ausführungsfehler im Innenausbau. Des Weiteren werden nur vorliegende Bauschäden, bei welchen die / der Fliesenleger/-in einen bereits, von einem anderen

---

[1] **VOB Teil B – Allgemeinen Vertragsbedingungen für die Ausführung der Bauleistungen.** Teil B umfasst 18 Paragraphen und beinhaltet die Allgemeinen Vertragsbedingungen für die Ausführung der Bauleistungen (AVB). In Bezug auf Ausführungsfehler ist hier besonders auf **„§4 Ausführung"** (Regelung der Rechten und Pflichten des Auftraggebers und des Auftragnehmers) zu verweisen.

[2] SCHADIS ist die Schadensdatenbank des Fraunhofer IRB – Deutschlands zentrale Einrichtung für den nationalen und internationalen Transfer von Baufachwissen. Es erschließt technisches, planungs- und wirtschaftsbezogenes Fachwissen aus Forschung und Praxis der Fachgebiete Bauingenieurwesen, Architektur, Bauplanung, Baurecht und -wirtschaft, Städtebau, Wohnungswesen und Raumordnung, Denkmalpflege.

Gewerk eingebrachten, installierten Verlegeuntergrund – sei es nun Estrich oder Putz, Span- oder Gipskartonplatten, Beton oder Mauerwerk – vorgefunden hat, in die Auswertung aufgenommen. Somit werden die potenziellen Ausführungsfehler, die beim Herstellen eines (gedämmten) Fußbodens[3] auftreten könnten, nicht berücksichtigt. Ebenso werden die Feuchtigkeitsbeanspruchungsklassen A, B, C, sowie B0 nicht berücksichtigt. Lediglich die Feuchtigkeitsbeanspruchungsklasse A0[4] ist für diese Ausarbeitung relevant. Eine weitere Eingrenzung der Arbeit fällt auf die Art des Verlegeverfahrens. Die vier folgenden Ausführungsfehler behandeln die Herstellung eines Wand- oder Bodenbelages im Dünnbettverfahren. Das Dickbettverfahren ist im „klassischen" Wohnungsausbau / Innenausbau weniger relevant und falls doch angewandt, beim Herstellen von Belägen im Schwimmbadbereich, in der Altbausanierung, beim Herstellen von Treppenbelägen oder bei der Herstellung eines stark beanspruchten Bodenbelages vorzufinden.

Wie sich zeigen wird, sind Ausführungsfehler in jedem Bereich- und Tätigkeitsfeld des Fliesenlegers allgegenwärtig. Bei Nichtbeachtung der geltenden Regeln und Bedingungen oder Unwissenheit des Fachmanns stellen sie ein hohes Maß an Gefahr dar. In der vorliegenden Arbeit soll über die Gefahren, Auswirkungen und die Vermeidung typischer Fehler informiert und im besten Falle dazu beigetragen werden, dass man daraus Nutzen für die Vermittlung von Fachwissen und Kompetenzen im Berufsschulunterricht gewinnen kann.

Im folgenden Kapitel soll nun zuerst einmal eine Definition des Ausführungsfehlers und des daraus resultierenden Bauschadens folgen.

---

[3]Vorzufinden im Rahmenlehrplan der KMK: Lernfeld 8 „Herstellen eines gedämmten Fußbodens" (vgl. Rahmenlehrpläne für die Berufsausbildung in der Bauwirtschaft – Übersicht über die Lernfelder für den Ausbildungsberuf Fliesen-, Platten-, Mosaikleger/-in (1. und 2. Stufe); Seite 72ff).

[4]Die Bauregelliste des DIBt unterteilt in die Feuchtigkeitsbeanspruchungsklassen A, B und C (**hohe Beanspruchung**). Zusätzlich unterteilt das ZDB-Merkblatt „Abdichtungen in Verbund mit Fliesen und Platten – Hinweise für die Ausführung von flüssig zu verarbeitenden Verbundabdichtungen mit Bekleidungen und Belägen aus Fliesen und Platten für den Innen- und Außenbereich" in die Feuchtigkeitsbeanspruchungsklassen A0 und B0 (**mäßige Beanspruchung**). Relevant für diese Arbeit ist die Klasse A0. Sie ist wie folgt definiert: Indirekte beanspruchte Flächen in Räumen des Nutzungsbereiches A und direkt beanspruchte Flächen, in denen nicht sehr häufig mit Brauch- und Reinigungswasser umgegangen wird, wie z.B.: häusliche Bäder, Badezimmer von Hotels, Bodenflächen mit Abläufen in diesen Anwendungsbereichen" (vgl. Fachverband Fliesen und Naturstein im Zentralverband des Deutschen Baugewerbes e. V., Bon (Hrsg.), Januar 2010).

2 Übersicht der Begrifflichkeiten

2.1 Ausführungsfehler

Ein Ausführungsfehler liegt vor, wenn die / der ausführende Handwerker/-in bei der Erstellung gegen die anerkannten Regeln der Technik, die gesetzlichen und behördlichen Bestimmungen oder den Stand der Technik der Ausführung, verstößt. Ebenso ist eine Umsetzung einer offensichtlich fehlerhaften Planungsvorgabe als Ausführungsfehler zu werten. Denn gelernte Facharbeiter/-innen verstehen ihr Handwerk und können sehr wohl fehlerhafte Planung erkennen. Sie müssen in diesem Fall dem Auftragsgeber Bedenken gegen die vorgesehene Art der Ausführung, gegen die Güte der vom Auftraggeber gelieferten Stoffe oder Bauteile oder gegen Leistung der vorangegangenen Gewerke unverzüglich mitteilen. Des Weiteren kann die Nichtbeachtung von Herstellervorschriften, sofern es sich bei ihnen nicht selbst um anerkannte Regeln der Technik handelt[5], vor Gericht als Mangel oder Schaden, verschuldet durch einen Ausführungsfehler, geltend gemacht werden (vgl. Wapenhans 2007, S. 12 – 14).

2.2 Bauschaden

Ein Bauschaden bezeichnet einen Zustand an Bauten oder Bauteilen, die eine Veränderung der üblichen Gebrauchstauglichkeit eines Gebäudes oder eines Teiles davon darstellen. Diese Zustände können den Wert und / oder die Nutzbarkeit herabmindern oder aufheben und schwerwiegende qualitative, gesundheitliche und wirtschaftliche Folgen nach sich ziehen. Eine weitere Definiton lautet wie folgt: *„Ein Bauschaden ist der Verstoß eines Ist- gegenüber eines Sollzustandes nach dem Herstellungszeitraum infolge eines Baufehlers, infolge von außergewöhnlichen Einwirkungen oder infolge der begrenzten Beanspruchbarkeit"* (Wapenhans 2007,S.14).

---

[5]Wenn bzgl. der Herstellervorschrift einschlägige DIN-Normen oder VDI-Richtlinien vorhanden sind, ist die Vorschrift als anerkannte Regel der Technik zu behandeln.

3 Häufige Ausführungsfehler beim Fliesenlegen im Innenausbau

Diese Ausarbeitung wendet sich im Folgenden typischen Ausführungsfehlern im Berufsfeld des Fliesenlegers zu. Die Reihenfolge der vier Fehler spiegelt nicht die Häufigkeit oder Wichtigkeit, sie soll von „unten nach oben", sprich vom Untergrund zum Belag, gegliedert sein.

3.1 Nichtbeachtung der Belegreife der Estrich-Unterkonstruktion

3.1.1 Schadensbild

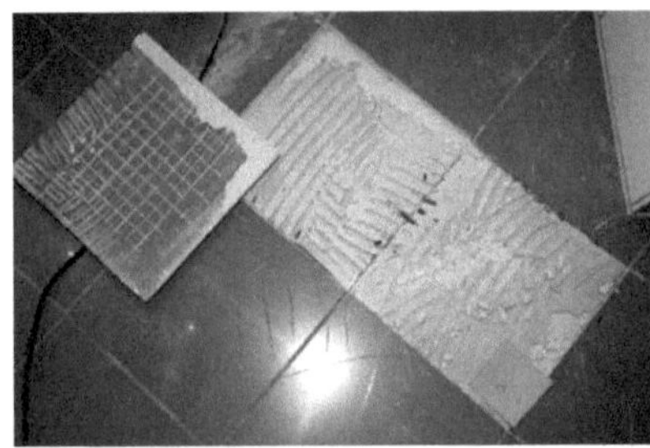

Abb.1: Abgelöste Fußbodenfliese

Abgerissene Randfugen in der Kehle (Fuge zwischen Boden- und Wandbelag bzw. Sockelfliese / Abbildung 2), hohl klingende Stellen im Bodenbelag oder auch teilweise gebrochene Fliesen (Abbildung 3) sind ein immer wieder auftretendes Phänomen bei bereits beendeten Bodenbelagsarbeiten. Bei der Öffnung der Bodenbeläge an hohl klingenden Stellen zeigt sich zudem oft, dass sich die Fliesen teilweise vom Estrich gelöst haben (Abbildung 1), wobei die Trennung des Haftverbundes sowohl unmittelbar an der Fliesenrückseite als auch in der oberen Randzone des Estrichs auftreten kann. Wie hängen diese sichtbar auftretenden Schäden des Fliesenbelags und der Wartungsfugen nun mit der Belegreife der Estrich-Unterkonstruktion zusammen?

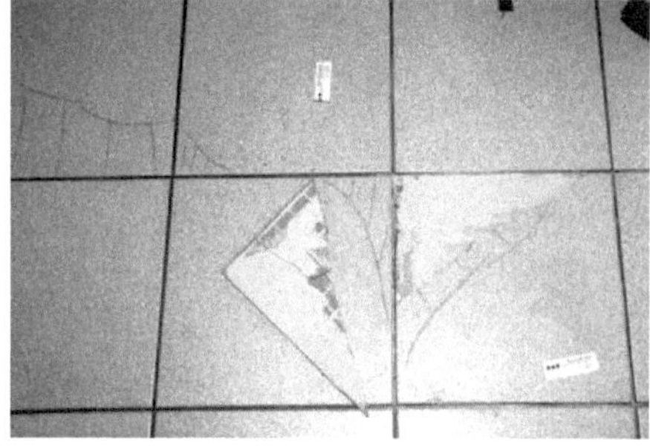

Abb.2: Abreißen der Anschlussfuge   **Abb.3:** Gebrochene Bodenfliese

3.1.2 Schadensursache

Grundsätzlich gilt: Damit ein Estrich[6] als *belegreif* gilt muss er eine zulässige Restfeuchte besitzen. Die notwendige Restfeuchte ist abhängig von der Art des Estrichs, von dem zu verlegenden Belag und ob eine Fußbodenheizung vorhanden ist oder nicht. Als Beurteilungsmaßstab der Belegreife ist der Restfeuchtegehalt des Estrichs somit ein wesentlicher Faktor, um eventuelle Folgeschäden, verursacht durch die nachträgliche Verformung des Estrichs, auszuschließen. Auf die konkave Verformung (Abbildung 4) des Estrichs soll hier nicht weiter eingegangen werden. Sie entsteht dadurch, dass die Oberseite schneller austrocknet als die Unterseite und ist deshalb vom ausführenden Estrichleger-Gewerk zu unterbinden. Die Vorbeugung gegenüber der konvexen Verformung (Abbildung 4) dagegen fällt klar in den Aufgabenbereich des Fliesenlegers: *„Eine konvexe Verformung entsteht in der Regel nach dem Verlegen des Bodens mit Fliesen oder Platten. Die Verlegung wurde dann vor der ausreichenden Austrocknung des Estrichs begonnen, so dass die Verdunstung des Wasser im Verlegemörtel behindert wird"* (Borgmeier / Braunreiter 2011 S. 170f).

---

[6]Im Innenaußbau, hier im Wohnungsausbau kommt meist der Zementestrich als „Schwimmender Estrich" zum Einsatz. Auch ein Calziumsulfatestrich – auch „Anhydritestrich" – findet häufig Verwendung im Wohnungsbau, jedoch ist er aufgrund der Eigenschaft des Gipses, nicht in der Lage der Feuchtigkeitsbeanspruchung standzuhalten, und deshalb auf den trockenen Innenbereich begrenzt (vgl. Borgmeier / Braunreiter 2011. S. 162f, S. 171ff).

Wenn nun der Estrich, bevor er ausreichend ausgetrocknet ist und sein Endschwindmaß erreicht hat, zu früh mit einem starren Belag aus Fliesen oder Natursteinplatten belegt wird, ergibt sich infolge des nachträglichen Schwindens des Estrichs im Klebe-Verbund mit dem nicht schwindenden Bodenbelag der sogenannte Bimaterialeffekt. Dies führt dazu, dass der Estrich das Bestreben hat, sich über seine gesamte Fläche zu verkürzen, woran er an seiner Oberseite durch den starren Fliesenbelag[7] gehindert wird. Das Resultat ist ein konvexe Verformung bzw. Verkrümmung (Abbildung 4) des teilweisen oder gesamten Schichtenverbundes, in gegenläufiger Richtung zum Aufschüsseln (vgl. Unger A, Kolumne „Dr. Estrich").

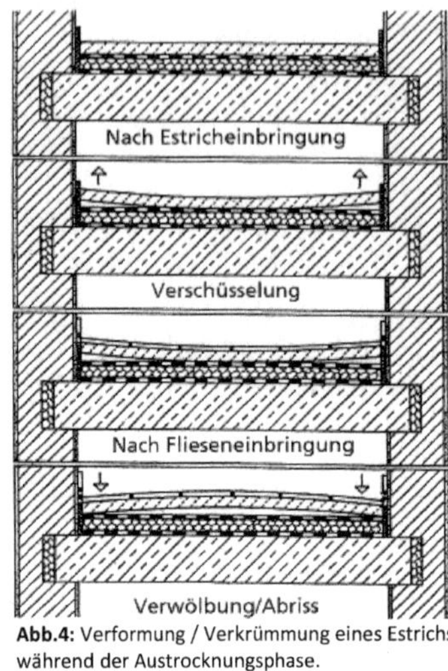

Abb.4: Verformung / Verkrümmung eines Estrichs während der Austrocknungsphase.

Wie bereites in Kapitel 3.1.1 dargestellt ist die Folge, dass elastische Fugendichtungen[8] in der Kehle abreißen oder abgelöste Fliesen im Bodenbelag zu erkennen sind. Ebenso kann ein derart aufgewölbter Estrich und Bodenbelag, der unter Eigen- und Verkehrslast beansprucht wird, brechen.

Kommt es zu diesen, zuvor beschriebenen, Schäden hat das ausführende Fliesenlegergewerk die Belegreife des eingebauten Estrichs nicht beachtet und zu früh mit den Belagsarbeiten begonnen.

---

[7]Der Bimaterialeffekt wird durch eine zu früh vorgenommene zementäre Fliesenverfugung innerhalb der Fläche, sowie durch eindringendes Putzwasser noch verstärkt.

[8]Silikonfuge: Keine dauerelastische Fuge, sondern eine Wartungsfuge, die in regelmäßigen Abständen überprüft und gegebenenfalls erneuert werden muss! Die zu verwendenden Dichtstoffe müssen fungizid ausgestattet sein. Die Dimensionierung muss ausreichend sein. Sie unterliegen einer eingeschränkten Gewährleistung (vgl. Borgmeier/ Braunreiter, S. 283ff).

3.1.3 Schadensvermeidung

Wie kann diesem Ausführungsfehler nun entgegengewirkt werden?

Zu den Aufgaben des Fliesenlegers gehört das „Prüfen und Vorbehandeln des Untergrundes" (mehr dazu Kapitel 3.2). In Bezug auf die Belegreife des Estrichs in Verbindung mit dem vorliegenden Feuchtegehalt muss der Fliesenleger den Estrich mit Hilfe einer CM-Messung[9] prüfen: *„Um die Belegreife festzustellen, ist vor der Verlegung eine Messung des Feuchtegehaltes erforderlich. Bei Zementestrichen ist die Belegreife bei einem Feuchtigkeitsgehalt ≤ 2% , gemessen mit dem CM-Gerät, erreicht"* (ZDB-Merkblatt, 2010:„Keramische Fliesen und Platten, Naturwerkstein und Betonwerkstein auf zementgebundenen Fußbodenkonstruktionen mit Dämmschicht", Abschnitt 6.2). Bei einem Zementestrich geht man von einer Trocknungszeit von drei bis vier Wochen aus, ebenso bei einem Calziumsulfatestrich, welcher aber ab einem Feuchtegehalt von 0,5 – 1% als *belegreif* angesehen werden kann (vgl. Knaut / Berg, 2013, S. 33f). In diesem Zeitraum wird auch die erste Messung durchgeführt. Resultiert daraus eine zu hohe Restfeuchtigkeit, dann ist der Fliesenleger dazu verpflichtet Bedenken anzumelden und dem Estrich ausreichende Austrocknungszeit zu gewährleisten. Werden diese Regeln eingehalten verringert sich das Riskio eines möglicherweise auftretenden Bauschadens um ein Vielfaches.

3.2 Mangelhafte Vorbereitung des zu belegenden Untergrundes

Im Wohnungsausbau werden die Fliesenleger/-innen hauptsächlich mit Putz-, Mauerwerks-, Betonuntergründen oder Untergründen aus Gipskartonplatten konfrontiert sein. Diese Ausarbeitung befasst sich mit der Vorbereitung von Wänden und vertikalen Scheiben mit o.g. Untergründen.

---

[9]Die Calcium-Carbid-Methode (CM-Messung) ist die anerkannte Messung, um die Restfeuchtigkeitsmenge mit Hilfe einer Baustoffprobe vor Ort zu bestimmen. Die Methode ist daher am besten für leichte Materialien wie Estrich geeignet und dort zur Prüfung nach DIN geregelt, wenn auf frischen Estrich Nachfolgegewerke aufgebracht werden sollen. Beispielsweise gilt DIN 18332 für Natursteinarbeiten. Diese DIN-Normen geben die Feuchtewerte an, dir für die Belegung von Zementestrich mit Baustoffen unterschritten sein müssen [...] (vgl. Knaut / Berg, S. 86f).

3.2.1 Schadensbild

Wie bereits in Kapitel 3.1 wurden auch bei diesem vorliegenden Schadensbild Hohlstellen, sowie abgelöste Wandfliesen festgestellt. In Abbildung 5 sehen wir ca.

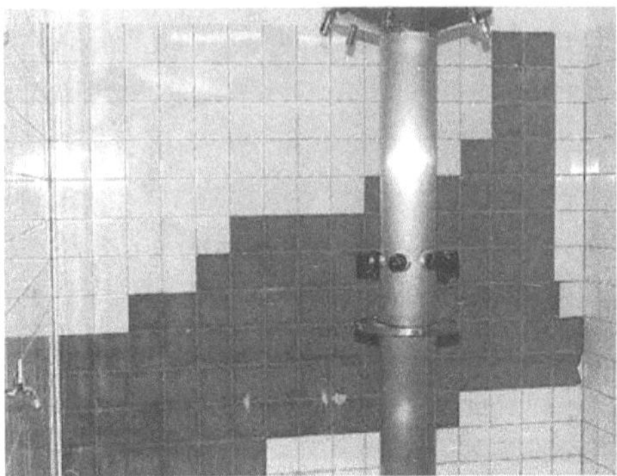

80 abgelöste Fliesen von einer Duschwand. In anderen Räumlichkeiten wurden diese Phänomene ebenfalls festgestellt. Der zeitliche Abstand, zwischen dem Entdecken von ersten Hohlstellen und vereinzelt abgefallenen Fliesen bis zum Zeitpunkt als sich ca. 80 Fliesen ablösten, erstreckte sich über 2,5

Abb.5: Abgefallene Fliesen eines keramischen Wandbelages.

Jahre. Bei einer Ortsbesichtigung zeigte sich, dass sich die Wandfliesen überwiegend in der Grenzfläche zwischen Dünnbettmörtel und Putzuntergrund abgelöst hatten. Bei anderen Schadensberichten unterschiedlicher Untergründe zeigte sich dasselbe Bild: Der Wandbelag einschließlich des Dünnbettmörtels haftete nicht auf dem zu belegenden Untergrund.

3.2.2 Schadensursache

Bei der Schadensursache in dieser Ausarbeitung wird das Schwinden oder Kriechen der Unterkonstruktion nicht berücksichtigt – die Restschwindung[10] ist hier als möglichst klein angenommen– sondern es werden ausschließlich die Ausführungsfehler analysiert, welche trotz der Begrenzung der Restschwindung zu einem Schaden geführt haben, denn „*Wenn die technischen Regeln beim Ansetzen*

---

[10]Es gilt der Grundsatz: Fliesen möglichst spät anzusetzen, zu einem Zeitpunkt, an dem schon eine möglichst große Schwindverkürzung erfolgt ist, mit anderen Worten: wenn die Restschwindung möglichst klein ist. So lautet es in DIN 18 157, Teil 1, Ziff.5.1: Die Ansetz- und Verlegeflächen dürfen sich nach dem Anbringen der Bekleidungsstoffe nur begrenzt verformen. Bei Unterkonstruktionen, die schwinden und kriechen, müssen daher Bekleidungsstoffe möglichst spät angebracht werden. Als Richtwert kann gelten, dass auf der Unterkonstruktion bzw. Ansetz- und Verlegefläche aus Beton nach DIN 1045 und Mauerwerk aus bindemittelgebundenen Steinen nach DIN 1053 Teil 1 die Bekleidungsstoffe etwa sechs Monate nach Herstellung aufgebracht werden dürfen. Bei Unterkonstruktionen, bei denen die erwähnten Formänderungen weitgehend abgeschlossen sind, kann die angegebene Zeitspanne kürzer sein" (vgl. Zimmermann, Band 9).

keramischer Fliesen beachtet werden, lösen sich diese nach der Erfahrung – auch bei weiterem Schwinden des Untergrundes – nicht ab" (Zimmermann, Band 9, S. 120f). Wie kommt es nun zum Herabfallen des Wandbelages ohne das Schwinden und Kriechen der Unterkonstruktion als (Teil-)Ursache zu berücksichtigen?

Zunächst einmal muss zwischen den unterschiedlichsten Untergründen differenziert werden. Die in Kapitel 3.2 genannten Untergründe, auf welche die Fliesenleger/-innen im Wohnungsausbau stoßen können, besitzen jeweils andere Eigenschaften, die bei Nichtbeachtung der anerkannten Regeln der Technik, in Hinblick auf die Vorbereitung und Aufbringung eines Wandbelages, zu Folgeschäden führen können. Einige eigenen sich bei entsprechender Vorbehandlung als Untergrund für einen Fliesenbelag, andere sind als Verlegeuntergrund nicht geeignet (mehr dazu Kapitel 3.2.3). Wird eine falsche Untergrundvorbehandlung gewählt, oder diese komplett ausgelassen ist die *Haftbrücke*, die dafür sorgt, dass der keramische Wandbelag und der Untergrund beim Ansetzen eine bessere Verbindung eingehen, mangelhaft oder nicht vorhanden. Aus diesem Grund ist in nicht seltenen Fällen davon auszugehen, dass sich die keramische Bekleidung ablöst und zu Boden fällt (Abbildung 5).

Der Schaden kam hier zustande, da der zu belegende Untergrund als Ansetzgrund für den Fliesenbelag nicht geeignet war, da keine Aufbringung einer Grundierung oder einer Spachtelmasse stattgefunden hat – sprich die Eigenschaften und notwendigen Vorbehandlungen des Untergrundes wurden schlichtweg vergessen.

3.2.3 Schadensvermeidung

Zu den Aufgaben des Fliesenlegers gehört die Vorbehandlung des zu belegenden Untergrundes. *„Der Fliesenleger muss die fachliche Kompetenz besitzen, alle wichtigen Untergründe zu kennen, daraus Entscheidungen für die richtige Untergrundvorbehandlungen abzuleiten und den entsprechenden Belagaufbau zu wählen"* (Borgmeier / Braunreiter 2011, S. 96).

Zu diesen fachlichen Kompetenzen hinsichtlich der Prüfungspflichten des Fliesenlegers gehört die „Inaugenscheinnahme"[11] und die mechanische Kontrolle[12] des zu belegenden Untergrundes. Anhand dieser Prüfungsmaßnahmen kann er auf jede Gegebenheit reagieren und die richtigen Entscheidungen hinsichtlich der Untergrundsbeurteilung und der Untergrundsvorbehandlung treffen. Zum einen werden standfeste Spachtel- oder Ausgleichsmassen[13] genutzt, um Unebenheiten oder schadhafte Untergründe auszubessern. Zum anderen werden Grundierungen, die nach ihrer Zusammensetzung in zwei Arten[14] eingeteilt werden, als „Haftbrücke" auf glatten und nicht saugenden Untergründen, sowie auf sehr stark saugenden Untergründen und als Mittel zur Verfestigung bei Oberflächen mit geringer Tragfähigkeit eingesetzt. *„Im Allgemeinen wird nach dem heutigen Stand der Technik im Dünnbettverfahren bei allen Untergründen eine Grundierung verwendet. In jedem Fall sind die Verarbeitungsvorschriften des Herstellers zu beachten [...]"* (Borgmeier / Braunreiter. S. 233f).

Tabelle 1 im Anhang zeigt einen Überblick über die verschiedenen Verlegeuntergründe, deren Eigenschaften und Vorbehandlungen. Mit Hilfe dieser Übersicht[15] können die Fliesenleger/-innen anhand ihrer Kenntnisse und fachlichen Kompetenzen, die visuelle Bauaufnahme und mechanische Prüfung des zu belegenden Belages durchführen, diesen zuordnen und die notwendigen Vorbehandlungen veranlassen Werden diese Entscheidungen aufgrund von Unkenntnis oder Zeitdruck falsch getroffen, entstehen nicht selten hohe Sanierungskosten, die zu Lasten des ausführenden Gewerkes gehen.

---

[11]Bei der visuellen Bauaufnahme sind zunächst einige Fragen zu klären: Um welches Material handel es sich bei den Wänden? Sind in dem Raum bzw. an den Wänden unterschiedliche Materialien vorhanden? [...] (vgl. Borgmeier / Braunreiter, S. 97ff).

[12] Mit der mechanischen Püfung soll in erster Linie die Tragfähigkeit des Untergrundes überprüft werden. In der Regel beinhaltet das folgende Arbeiten: 1. Wischprüfung, insbesondere bei Putzen. 2. Kratzprüfung, bei Beton und Putzen. 3. Klopfprüfung, bei Beton und Putzen. 4. Benetzungsprüfung, insbesondere bei Beton und Betonfertigteilen. 5. Feuchtemessung bei Putzen und Beton (vgl. Borgmeier / Braunreiter, S. 97ff).

[13]An Wänden oder vertikalen „Scheiben" werden ausschließlich standfeste Spachtelmassen verwendet.

[14]Dispersiongrundierungen auf Kunstharzbasis (Acryl) oder Zweikomponentige Grundierungen auf Epoxidharzbasis.

[15]Die Tabelle befindet sich in Borgmeier A., Braunreiter H.: „Bautechnik für Fliesen-, Platten- und Mosaikleger" und ist Bestandteil im Lernfeld 9 Verfliesen eines Badezimmers" (2. Ausbildungsjahr)

3.3 Falsche Ausführung von Abdichtungen im Verbund mit Fliesen und Platten

„Die Beanspruchung der Abdichtungen in Innenräumen wird vorwiegend durch nutzungsabhängige Faktoren wie durch die Menge und durch die Häufigkeit des anfallenden Wassers bestimmt." (Zimmermann, Band 8 2003, S. 13). Diese Ausarbeitung bezieht sich, wie bereits in der Einleitung erwähnt, auf mäßig beanspruchte Flächen der Feuchtigkeitsbeanspruchungsklasse A0. Laut DIN 18 195-5[16] sind *„unmittelbar spritzwasserbelastete Fußboden- und Wandflächen in Nassräumen des Wohnungsbaus angesehen, soweit sie nicht durch andere Maßnahmen, deren Eignung nachzuweisen ist, hinreichend gegen eindringende Feuchtigkeit geschützt sind"* als mäßig beanspruchte Flächen definiert. Eine Form der Abdichtung dieser Flächen erfolgt durch die Abdichtung im Verbund[17] mit Fliesen und Platten. Das Abdichten eines Badezimmers bietet eine Vielzahl an Möglichkeiten einen Ausführungsfehler zu begehen. Um die Komplexität dieser Problematik nicht bis in jedes Detail zu betrachten, behandeln die folgenden Unterkapitel die Abdichtungen von Wandunterkonstruktionen, besonders deren Anschlüsse wie Rohrdurchführungen, Wand-Bodenanschlüsse oder den Anschluss des Belages an die Bade- oder Duschwanne.

3.3.1 Schadensbild

Wie wichtig die Vorbereitung des zu belegenden Untergrundes ist, wurde bereits in Kapitel 3.2 erläutert. Zu dieser Vorbereitung gehört in Räumlichkeiten der Feuchtigkeitsbeanspruchungsklasse A 0 besonders das Anbringen einer Abdichtung. Ein typisches Schadensbild soll folgend beschrieben werden: Wie auf Abbildung 6 zu erkennen ist, ist im unteren Bereich einer Dusche eine senkrechte Reihe Fliesen abgefallen. Die Putzfläche zeigt nach unten zunehmend Spuren von Feuchtigkeit, wie Dunkelfärbung, sowie punktuelle Schimmelpilzbildung. Ebenfalls waren innerhalb der Dusche, bzw. oberhalb der Badewanne Abrisse entlang der Fliesenkanten zu

---

[16]DIN 18 195-5: Bauwerksabdichtungen, Abdichtungen gegen nicht drückendes Wasser auf Deckenflächen und in Nassräumen, Bemessung und Ausführung.

[17]Die Abdichtungschicht verbindet sich fest mit dem Dünnbettmörtel zu einer gemeinsamen Schicht.

beobachten. Der Mörtel hatte sich zum Teil aus den Fugen gelöst (Abb.7). Bei anderen Fällen waren außerdem Ausblühungen, Durchnässung der Dämmschicht und weitere Feuchteschäden an den Unterkonstruktionen zu erkennen. Liegt es an der falschen oder fehlenden Verbundabdichtung?

Abb.7: Aufgerissene mineralische Verfugung der Wandbekleidung innerhalb einer Dusche.

Abb.6: Abgefallene Wandfliese mit frei liegendem Putz PIV ohne Verbundabdichtungen mit Spuren von Feuchtigkeitseinwirkung.

3.3.2 Schadensursache

In der Praxis stellt sich die Nichtausführung bzw. falsche Ausführung von Abdichtungen im Verbund mit Fliesen und Platten als kritisch herraus. *„Es werden häufig gravierende Fehler gemacht, mit der Folge, das Nässeschäden in eigenen und / oder fremden Nutzungseinheiten entstehen.“* (Platts, S. 29f). Der Schadensverlauf beginnt bei der

Abb.8: Wand und Badewanne: Fehlende Wandabdichtung, fehlendes Dichtungsband. Estrich nicht abgedichtet.

Vorbehandlung des Abdichtungsuntergrundes. Laut ZDB *„muss dieser ganz allgemein eben, tragfähig, frei von Löchern, Nestern oder durchgehenden Rissen* *sein und eine gleichmäßige Beschaffenheit aufweisen. Er muss frei sein von trennenden oder den Verbund mit dem Untergrund beeinträchtigenden Substanzen, z.B. Trennmitteln, Staub, Absandungen, losen Bestandteilen des Untergrundes, Bindemittelanreicherungen, Ausblühungen und Verschmutzungen [...]"* (Vogdt / Bredemeyer, S. 113ff).

Zuerst einmal gilt es diese Regeln des ZDB einzuhalten. Werden o.g. Bedingungen

Abb.9: Badewanne auf nicht abgedichtetem Estrich, fehlende Wandabdichtung.

nicht ordnungsgemäß eingehalten besteht Gefahr, dass der abzudichtende Untergrund nicht vollflächig abgedichtet wird, was bedeutet, dass die Unterkonstruktion anfällig gegen Spritzwasser des Nassnutzungsraumes ist. Wie in Abbildung 8 und Abbildung 9 zu sehen ist, wurde hier weder der Wand-/ Bodenanschluss, noch der Bereich unter der Badewanne mit Abdichtungsmaterialen[18] behandelt. Es fehlt eine Abdichtung unterhalb der Wanne, sowie ein fachgerechter Anschluss mit Dichtbändern im Wand-/ Bodenanschluss. Dies gehört in das Aufgabenfeld des ausführenden Fliesenlegers.

Abbildung 10 zeigt das Fehlen von Dichtmanschetten oder Dichtflanschen im Bereich von Rohrdurchführungen. Da es sich im Bereich einer Rohrdurchführung um eine besonders empfindliche Stelle handelt, ist bei fehlender Abdichtung der Schutz gegen Durchfeuchtung nicht mehr gegeben.

Wenn die Abdichtung im Verbund aus Fliesen und Platten als wasserundurchlässig zu bezeichnen ist, warum dann eine Abdichtung?

---

[18]Abdichtungsmaterialen werden entsprechend der Feuchtigkeitsbeanspruchungsklassen ausgewählt. Obwohl die Fliesen und Platten durch ihre Glasur oder ihren dichten Scherben wasserundurchlässig sind, besteht die Möglichkeit, dass Feuchtigkeit durch die Belagsfugen in den Untergrund eindringen. Deshalb müssen die Untergründe in allen Bereichen, wo mit dem Einwirken von Wasser und Feuchtigkeit gerechnet werden muss, vor Durchfeuchtung geschützt werden. In der Praxis werden hoch- und niedrig beanspruchte Abdichtungen unterschieden. In Abhängigkeit von der Feuchtigkeitsbeanspruchung wird zwischen bauaufsichtlich geregelten Anwendungsbereich bei einer hohen Beanspruchung (A; B; C) und dem bauaufsichtlich nicht geregelten Bereich bei mäßiger Beanspruchung (A0; B0) unterschieden. Letztere gehören zum Bereich „Badezimmer" und werden als alternative Abdichtungen (vgl. Borgmeier / Braunreiter, S. 233f).

Die Schwachstelle ist die Fuge im Verbund. Je nach Fugenanteil und Art der Verfugung ist eine Bekleidung aus keramischen Fliesen oder Platten mehr oder weniger wasserdurchlässig (vgl. Marx / Himburg, S. 242f). Dies gilt ebenfalls für die Dichtungsfugen. *„Schwachpunkt an diesen Stellen ist weniger die Abdichtung selbst,*

Abb.10: Fehlende Dichtmanschetten an einer Rohrdurchführung

[...] als vielmehr die darüber befindliche „Wartungsfuge" aus elastischen Dichtstoffen" (Platts, S. 36).

3.3.3 Schadensvermeidung

Laut DIN 18534[19] „Abdichtung von Innenräumen" werden die Anwendungsbereiche,

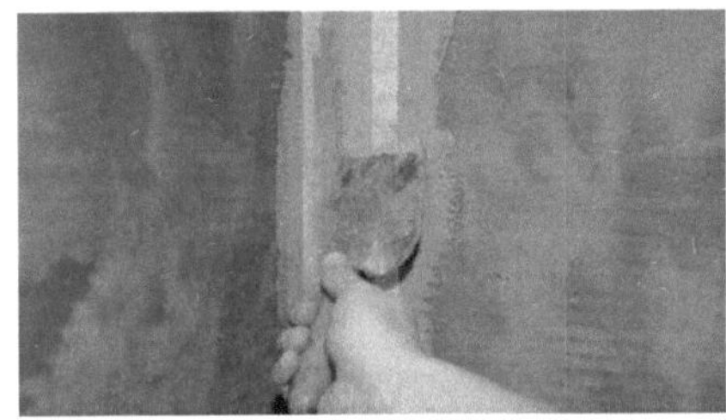

die Wasserbeanspruchungsklassen, die Rissklassen, das Erfordernis einer Abdichtung, die baulichen Anforderungen, die Auswahl der Abdichtungen und die Abdichtungsbauarten klar definiert. Da eine Norm ein Dokument ist, das

Abb.11: Einlegen eines Dichtungsbandes.

Anforderungen an Produkte, Dienstleistungen oder Verfahren festlegt, sind die ausführenden Fliesenleger/-innen verpflichtet nach der DIN zu handeln. Die in Kapitel 3.3.2 beschriebenen Schadensursachen lassen sich bei Anwendung der anerkannten Regeln der Technik und bei Beachtung der geltenden DIN vermeiden.

---

[19]Die neuen Abdichtungsnormen DIN 18531 bis DIN 18535 sollen die Planung und Ausführung von Abdichtungen erleichtern. Sie weisen dem Planer zugleich eine erhöhte Verantwortung bei der Beratung des Bauherrn zur Auswahl einer geeigneten Abdichtungsbauart zu. Die Normen sollen im Laufe des Jahres 2015 als Entwürfe der Fachöffentlichkeit vorgestellt werden. Eine weitgehende gleichzeitige Veröffentlichung aller Normen und das Zurückziehen der bisherigen Abdichtungsnormen sind geplant. Die bisherige DIN 18195 soll als Begriffsnorm für alle Abdichtungsnormen weitergeführt werden (vgl. Herold, S. 9ff).

Im Falle der Ausführung von Abdichtungen im Verbund mit Fiesen und Platten ist, für die Vermeidung o.g. Ausführungsfehler folgendermaßen vorzugehen:

„Unbedingt sollte sich der Fliesenleger vor Beginn der Abdichtungsarbeiten über die Herstellerangaben informieren. Nicht nur aufgrund späterer Schadensfälle, sondern hauptsächlich weil die Verarbeitungshinweise je nach Hersteller variieren" (Borgmeier / Braunreiter. S. 239).

Es gelten - unabhänig vom Hersteller – folgende Richtlinien:

- Alle Abdichtungen werden in mindestens 2 Schichten aufgebracht. Je nach Dichtungsmaterial und dessen Konsistenz wird die erste Dichtungsschicht aufgewalzt, aufgestrichen oder aufgespachtelt. In die noch frische erste Schicht werden im Bedarfsfall die Dichtbänder und –manschetten eingelegt, dürfen aber bereits auch vor dem ersten Arbeitsschritt angebracht werden (Abb. 11, 13 & 14).

- Vor dem Auftragen der zweiten Schicht muss die angegebene Trocknungszeit eingehalten werden, damit beim zweiten Auftrag die darunter liegende Schicht nicht beschädigt wird.

- Jede Schicht muss sorgfältig aufgebracht werden: gleichmäßige Schichtdicke, vollflächig, fehlerfrei.

- Die Mindestschichtdicke[20] muss eingehalten werden (vgl. Borgmeier / Braunreiter. S. 239).

Der in dieser Ausarbeitung behandelte Bereich der Feuchtigkeitsbeanspruchungsklasse A0 wird nach ZDB-Merkblatt in direkt- und indirekt beanspruchte Flächen unterteilt. Diese direkt beanspruchten Flächen sind Duschwände, bodengleiche Duschen und Wände über Badewannen. Ein Dichtungsanstrich ist in einem Badezimmer mit haushaltsüblicher Nutzung für die vom Spritzwasser

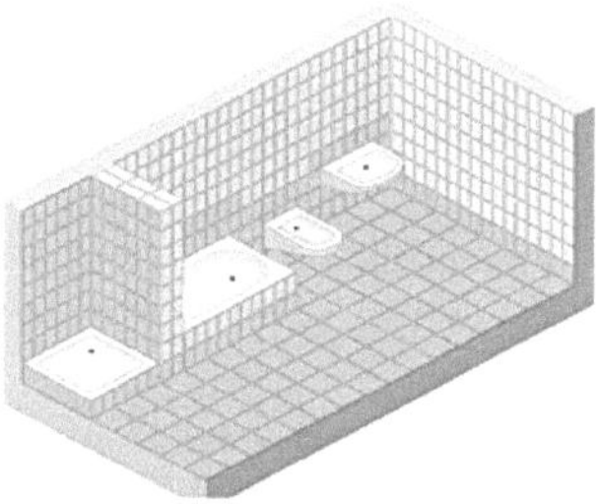

Abb.12: Abzudichtende Bereiche im häuslichen Bad.

---

[20]Sie beträgt bei Kunststoffdispersionen 0,5mm, bei Kunststoff-Mörtel-Kombinationen 2mm und bei Reaktionsharzen 1mm.

betroffenen Bereiche anzubringen. *„Ebenso sollte ein Dichtungsanstrich von 30 cm Höhe über der Oberkante des Waschtisches und auf seiner gesamten Breite zuzüglich von einigen „Sicherheitszentimetern" rechts und links ausgeführt werden"* (Borgmeier / Braunreiter 2011, S. 239). Abbildung 12 zeigt die Abzudichtenden Bereiche in einem Badzimmer. In Innenräumen werden hauptsächlich flüssig zu verarbeitende Abdichtungsstoffe verwendet. In den meisten Fällen Polymerdispersionen[21].

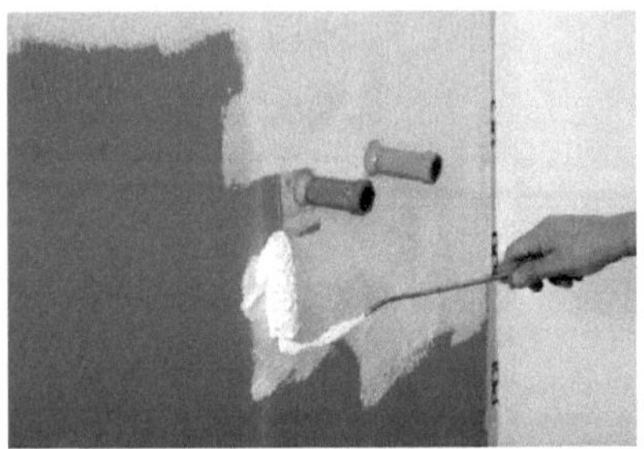

Abb.13: Aufbringen einer Kunststoffdisperson (Polymerdispersion).

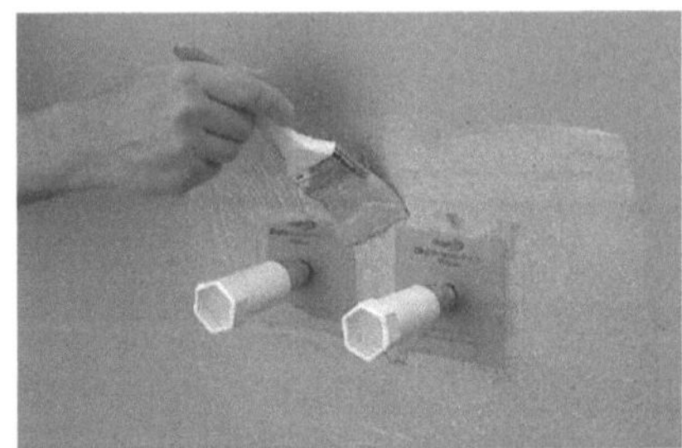

Abb.14: Anbringung von Dichtmanschetten an einer Rohdurchführung.

Die Beachtung von Herstellerangaben, die ordnungsgemäße und nach den anerkannten Regeln der Technik[22] durchgeführte Ausführung ist, wie die vorangegangenen Kapitel zeigen beim Abdichten im Verbund mit Fliesen und Platten, gewissenhaft und mit der notwendigen fachlichen Kompetenz auszuüben. Ist dies der Fall, sollte man von gefährlichen Feuchteschäden verschont bleiben.

---

[21]Bei Polymerdispersionen handelt es sich um einkomponentige Abdichtungsstoffe, die gebrauchsfertig in Gebinden geliefert werden und durch Streichen oder Rollen in mehreren Arbeitsgängen auf den Untergrund aufgetragen werden. Ihre Anwendung ist auf den Innenbereich und auf den bauaufsichtlich nicht geregelten Bereich beschränkt (vgl. Platts, S.33f).

[22]Die Grundlage für die Ausführung derartiger Abdichtungen stellen die Bauregelliste A, Teil 2, Nr. 1.10 und das ZDB-Merkblatt „Hinweise für die Ausführung von flüssig aufzubringenden Verbundabdichtungen mit Bekleidungen und Belägen aus Fliesen und Platten für den Innen- und Außenbereich" dar. Die Bauregelliste regelt hierbei deren Einsatz in öffentlichen Bereichen bei hoher Feuchtigkeitsbeanspruchung. Im ZDB-Merkblatt sind zusätzlich die Anforderungen an Abdichtungsstoffe für mäßige Feuchtigkeitsbeanspruchungen im Wohnbereich sowie auf Balkonen und Terrassen definiert.

3.4 Reifezeit, Topfzeit, Offenzeit, Hautbildung

Diese Ausarbeitung behandelt, wie schon Eingangs erwähnt, die Herstellung eines Wand- oder Bodenbelages im Dünnbettverfahren. In DIN EN 12 004 werden die Dünnbettmaterialen[23] nach der Art ihrer Zusammensetzung klassifiziert. *„Die Auswahl des geeigneten Dünnbettmaterials richtet sich nach der Art des Untergundes, der Raumfunktion und der zu erwartenden Beanspruchung des Belages"* (Borgmeier / Braunreiter. S. 228). Der hydraulisch erhärtende Dünnbettmörtel ist das am geläufigst verwendete Dünnbettmaterial.

Er ist vielseitig im Innen- und Außenbreich, in Nassräumen und fast allen Untergründen einsetzbar. *„Sie sind wasserbeständig, frostbeständig, erreichen hohe Festigkeiten, sind aber ohne Zusätze starr und benötigen längere Abbindezeiten"* (Borgmeier / Braunreiter. S. 228).

3.4.1 Schadensbild

Das Schadensbild gleicht dem der vorangegangenen Kapiteln; Vom Wand- oder Bodenbelag abgelöste, abgefallene Fliesen. Zunächst einmal stellt sich die Frage, ob der Schaden aufgrund von Kriechen oder Schwinden bzw. durch nicht fachgerechte, mangelhafte Vorbereitung des zu belegenden Untergrundes erfolgte. Diese beiden Möglichkeiten werden im Folgenden ausgeschlossen. Es ist davon auszugehen, dass die Fliesenleger/-innen die oben genannten Arbeitsschritte fachkundig ausgeführt haben.

Abb. 15: Die Unterseite der Fliese sollte zu mind 65 % mit Kleber bedeckt sein. Dies ist hier nicht der Fall.

---

[23]Hydraulisch erhärtender Dünnbettmörtel, Dispersionsklebstoffe, Reaktionsharzklebstoffe.

3.4.2 Schadensursache

Die Ablösungen sind auf Verlege- / Verarbeitungsfehler, aufgrund dessen eine zu geringe Haftung zwischen Fliesen und Untergrund erreicht wurde, zurückzuführen (Abbildung 14). Die Nichtbeachtung der Reifezeit, der Topfzeit, der Offenzeit, der Hautbildung oder der Benetzungsfähigkeit des Fliesenklebers führen dazu, dass die oben beschriebene Wirksamkeit des Haftverbundes nicht gegeben ist. Die Folge sind Schäden am Fliesenbelag.

3.4.3 Schadensvermeidung

Bei der Verarbeitung von Fliesenklebern ist es wichtig, dass man zum einen die Herstellerangaben des Dünnbettklebers beachtet und zum anderen das richtige Verlegeverfahren (Buttering-, Floating- oder kombiniertes Verfahren), sowie die passende Zahnung[24] der Zahn- oder Kammspachtel verwendet. Nur so kann gewährleistet werden, dass der Untergrund und der Fliesenbelag einen ausreichenden Haftverbund bilden und somit auf Dauer von Schäden verschont bleiben. Die Wirksamkeit dieses Haftverbundes zwischen Keramik und Mörtel wird sowohl von den verwendeten Ansetzmörteln als auch von den verwendeten Fliesen beeinflusst. Maßgeblich hierfür sind drei Mechanismen bzw. deren Kombination: Mechanische Adhäsion (Vermörtelung), thermodynamische Adhäsion (Verklebung) und Profilierung der Fliesenrückseite (Verzahnung) Der maßgebliche Haftmechanismus ist das Prinzip der mechanischen Adhäsion (vgl. Cziesielski / Vogdt, S. 91f).

In die Aufgabenbereiche des Fliesenlegers fällt die Beachtung der Herstellerangaben des Dünnbettmaterials. Die Reifezeit, also die Zeit zwischen dem Anrühren und erneutem Durchrühren, ist zu beachten. Nur so kann eine optimale Verarbeitungskonsistenz und Klebkraft entstehen. Ebenfalls ist darauf zu achten, dass nicht zu viel Kleber auf einmal angerührt wird, damit der Kleber nicht austrocknet. Dies hängt mit der Topfzeit zusammen. Sie bestimmt die Verarbeitungszeit des Dünnbettmörtels, beginnend ab dem Anmischen. Die Offenzeit

---

[24]Die Zahnung hängt von der Größe und Oberflächenstruktur der Fliesenrückseite ab.

begrenzt den maximalen Zeitraum in dem die Fliesen oder Platten in das Kleberbett eingeschoben werden können.

„Zum Prüfen benutzt man den Finger: Haftet der Kleber am Finger, ist der Dünnbettmörtel noch offen!" (Borgmeier / Braunreiter 2011, S. 229). Die Überschreitung der Offenzeit führt dazu, das auf den Stegen des aufgekämmten Dünnbettmörtels eine Hautbildung sichtbar ist. In diesem Fall hat der Abbindeprozess des Fliesenklebers begonnen und somit ist eine Verbindung von Mörtel und Fliese nicht mehr gewährleistet. In Folge dessen können sich Fliesen nachträglich von der Wandunterkonstruktion ablösen und herunterfallen. Eine wichtige Aufgabe hinsichtlich der Wirksamkeit des Haftverbundes besitzt die Benetzungsfähigkeit des Fliesenklebers. *„Sie*

Abb.16: Die Unterseite der Fliese sollte zu mind 65 % mit Kleber bedeckt sein. Dies ist hier der Fall.

beschreibt das Vermögen des Dünnbettmörtels beim Einschieben der Fliese oder Platte und dem leichten Andrücken, sich plastisch zu verformen und die Plattenrückseite mit Kleber zu benetzen. Dieser Flächenanteil soll mindestens 65% betragen. Der Anteil ist abhängig vom plastischen Verhalten des Dünnbettmörtels und von der Ebenheit des Untergrundes" (Borgmeier / Braunreiter. S. 229; Abbildung 14 & 16). Diese Arbeitsschritte gilt es zu beachten, denn sie sind für die fachgerechte Herstellung bzw. Verarbeitung von Dünnbettmörteln notwendig, und nur dann ist ein ausreichender Haftmechanismus gewährleistet, sodass Schäden am Fliesenbelag, in Folge von sich ablösenden Fliesen, verhindert werden können (vgl. Borgmeier / Braunreiter, S. 227ff).

4 Fazit

Was in der Umgangssprache gerne als „Pfusch am Bau" bezeichnet wird ist in der Realität allgegenwärtig. Wenn man bedenkt, dass ein Großteil der Bauschäden auf Ausführungsfehler des ausführenden Gewerkes zurückzuführen sind, dann ist dies gerade zu erschreckend. Die vorliegende Ausarbeitung beschäftigt sich mit Ausführungsfehlern des Fliesen-, Platten- und Mosaiklegers in einem sehr begrenzten Rahmen, d.h. im Innenausbau und dort ebenfalls stark eingegrenzt. So bietet sie einen kleinen Einblick, wie und warum Arbeitsschritte auf der Baustelle nicht sachgemäß durchgeführt werden, weshalb es zu Folgeschäden an Bauwerksteilen kommen kann. Wenn man nun bedenkt, dass das Aufgabenfeld eines Fliesenlegers weitaus komplexer ist, als der o.g. Bereich, dann kann man sich vorstellen, dass es notwendig ist, viele weitere falsch ausgeführte Arbeitsschritte zu dokumentieren und so dafür Sorge zu tragen, dass Ausbilder/-innen und Lehrer/-innen sich dieser Thematik annehmen. Die Vermittlung von Kompetenzen ist Aufgabe dieser Personen. Die Auszubildenden müssen für Ausführungsfehler sensibilisiert werden.

Diese Arbeit kann als Grundlage für weitere Forschungen bezüglich typischer Ausführungsfehler des Fliesenlegers dienen. Zum einen der Forschung hinsichtlich weiterer Fehler im vielseitigen Aufgabenbereich des Fliesenlegers, zum anderen sollte man der Frage nachgehen, warum diese Ausführungsfehler zustande kommen. Ist der Grund die nicht vorhandene Fachkompetenz? Zeitdruck? Ist sie finanziellen Ursprungs? Mangelnde Kommunikation zwischen den Gewerken, dem Bauleiter und dem Architekt oder liegt sie der nicht gerechten Beachtung dieser Problematik in der Ausbildung zugrunde?

Weitere Forschungen werden ihren Teil zur Beantwortung dieser Fragen beitragen.

Quellen- und Literaturverzeichnis

- Ansorge D.: Bäder – Planung, Ausführung, Nutzung. Pfusch am Bau, Band 3. Fraunhofer IRB Verlag, Stuttgart 2003.

- Bon (Hrsg.):Fachverband Fliesen und Naturstein im Zentralverband des Deutschen Baugewerbes e. V., Januar 2010.

- Borgmeier A., Braunreiter H.: Bautechnik für Fliesen-, Platten- und Mosaikleger. 2., aktualisierte Auflage, Vieweg + Teubner Verlag, Wiesbaden 2011.

- Cziesielski E., Bonk M.: Schäden an Abdichtungen in Innenräumen, in Zimmermann G.(Hrsg.): Schadenfreies Bauen, Band 8. 2., überarbeitete und erweiterte Auflage, Fraunhofer IRB Verlag, Stuttgart 2003.

- Cziesielski E., Bonk M.: Schäden an Abdichtungen in Innenräumen, in Zimmermann G.(Hrsg.): Schadenfreies Bauen, Band 20. 2., überarbeitete und erweiterte Auflage, Fraunhofer IRB Verlag, Stuttgart 2007.

- Cziesielski E., Vogdt F. U.: Schäden an Wärmedämm-Verbundsystemen, in Zimmermann G., Ruhnau R.(Hrsg.): Schadenfreies Bauen, Band 20. 2., überarbeitete und erweiterte Auflage, Fraunhofer IRB Verlag, Stuttgart 2007.

- DiBt-Mitteilungen: Bauregelliste A – C. Deutsches Institut für Bautechnik, Berlin.

- Frommhold H., Hasenjäger S.: Wohnungsbaunormen DIN(Hrsg.): Normen, Verordnungen, Richtlinien. 25., neu bearbeitete und erweitere Auflage, Werner Verlag, Düsseldorf 2007.

- Gasser G., Timm H.: Fußbodentechnik – Eine gewerkeübergreifende Kommentierung für die Praxis der Estrich-, Fliesen-, Platten- und Bodenleger.Bauverlag GmbH, Wiesebaden und Berlin 1989.

- Grollmisch I.: Der Bausachverständige – Zeitschrift für Bauschäden, Grundstückswert und gutachterliche Tätigkeit. Stuttgart: Fraunhofer IRB Verlag; Köln: Bundesanzeiger Verlagsgesellschaft, Jg. 7 (2011), Heft 6, S. 10 – 15.

- Herold C.: Feuchteschutz und Bauwerksabdichtungen. 49. Bausachverständigentag im Rahmen der Frankfurter Bautage 2014, Tagungsband, Frauenhofer IRB Verlag, Stuttgart 2014.

- Knaut J., Berg A.: Handbuch der Bauwerkstrocknung: Ursache, Diagnose und Sanierung von Wasserschäden in Gebäuden. 3., vollständig überarbeitete und erweiterte Auflage, Fraunhofer IRB Verlag, Stuttgart 2013.

- Marx H. G., Himburg S.: Schäden an Belägen und Bekleidungen aus Keramik, Natur- und Betonwerkstein, in Ruhnau R. (Hrsg.): Schadenfreies Bauen, Band 25. 2., völlig neu bearbeitete Auflage, Fraunhofer IRB Verlag, Stuttgart 2011.

- Platts T.: Abdichtungen im Verbund mit Fliesen und Platten, in Lufsky, Bonk M.(Hrsg.): Bauwerksabdichtung. 7. Auflage, Vieweg + Teubner Verlag, Wiesbaden 2010.

- Platts T.: Feuchteschutz und Bauwerksabdichtung. 49. Bausachverständigentag im Rahmen der Frankfurter Bautage 2014. Tagungsband, Fraunhofer IRB Verlag, Stuttgart 2014.

- Pröpster H.: Schadensanalysen bei Fliesen- und Plattenbelägen: Schadensbild-Schadensursachen-Sanierung. 2. Auflage, Köln-Braunsfeld 1985.

- Puche M.: Mängel and Gebäude- und Bauteiloberflächen. Köln 2007.

- SCHADIS: https://www.irb.fraunhofer.de/schadis/

- Scholz D.: Typische Baufehler: erkennen – vermeiden – beheben. 3., überarbeitete Auflage, Rudolf Müller Verlag, Köln 2007.

- Unger A.: Fussbodenatlas –Fußböden richtig planen und ausführen. 7. Bearbeitete und ergänzde Auflage, Qua-Vado AG, 2011.

- Vogdt F. U., Bredemeyer J.: Abdichtungen – Fachgerechter und sicher. Keller – Bad –Balkon – Flachdach. Fraunhofer IRB Verlag, Stuttgart 2012.

- Wapenhans W.: Baumangel, Baufehler, Bauschaden, in Der Sachverständige: Fachzeitschrifft für Sachverständige, München 1996.

- ZDB-Merkblatt: Verbundabdichtungen. Fachverband Fliesen und Naturstein im ZDB, Berlin (Hrsg.) 2010.

- Zimmermann G. (Hrsg.): Bauschäden-Sammlung, Band 3. 3., unveränderte Auflage, Frauenhofer IRB Verlag, Stuttgart 1999.

- Zimmermann G. (Hrsg.): Bauschäden-Sammlung, Band 7. 3., unveränderte Auflage, Fraunhofer IRB Verlag, Stuttgart 2000.

- Zimmermann, G.(Hrsg.):Bauschäden-Sammlung, Band 9. 2., durchgeschaute Auflage, Fraunhofer IRB Verlag, Stuttgart 1998.

BEI GRIN MACHT SICH IHR WISSEN BEZAHLT

- Wir veröffentlichen Ihre Hausarbeit,
  Bachelor- und Masterarbeit

- Ihr eigenes eBook und Buch -
  weltweit in allen wichtigen Shops

- Verdienen Sie an jedem Verkauf

Jetzt bei www.GRIN.com hochladen
und kostenlos publizieren